T0210070

essentials

essentials liefern aktuelles Wissen in konzentrierter Form. Die Essenz dessen, worauf es als „State-of-the-Art" in der gegenwärtigen Fachdiskussion oder in der Praxis ankommt. *essentials* informieren schnell, unkompliziert und verständlich

- als Einführung in ein aktuelles Thema aus Ihrem Fachgebiet
- als Einstieg in ein für Sie noch unbekanntes Themenfeld
- als Einblick, um zum Thema mitreden zu können

Die Bücher in elektronischer und gedruckter Form bringen das Fachwissen von Springerautor*innen kompakt zur Darstellung. Sie sind besonders für die Nutzung als eBook auf Tablet-PCs, eBook-Readern und Smartphones geeignet. *essentials* sind Wissensbausteine aus den Wirtschafts-, Sozial- und Geisteswissenschaften, aus Technik und Naturwissenschaften sowie aus Medizin, Psychologie und Gesundheitsberufen. Von renommierten Autor*innen aller Springer-Verlagsmarken.

Weitere Bände in der Reihe http://www.springer.com/series/13088

Christoph J. Rohland

Ein Weltrat für den Umweltschutz

Unser Planet ist noch zu retten!

 Springer Gabler

Christoph J. Rohland
Hinwil, Schweiz

ISSN 2197-6708   ISSN 2197-6716 (electronic)
essentials
ISBN 978-3-658-34903-5   ISBN 978-3-658-34904-2 (eBook)
https://doi.org/10.1007/978-3-658-34904-2

Die Deutsche Nationalbibliothek verzeichnet diese Publikation in der Deutschen Nationalbibliografie; detaillierte bibliografische Daten sind im Internet über http://dnb.d-nb.de abrufbar.

© Der/die Herausgeber bzw. der/die Autor(en), exklusiv lizenziert durch Springer Fachmedien Wiesbaden GmbH, ein Teil von Springer Nature 2021
Das Werk einschließlich aller seiner Teile ist urheberrechtlich geschützt. Jede Verwertung, die nicht ausdrücklich vom Urheberrechtsgesetz zugelassen ist, bedarf der vorherigen Zustimmung der Verlage. Das gilt insbesondere für Vervielfältigungen, Bearbeitungen, Übersetzungen, Mikroverfilmungen und die Einspeicherung und Verarbeitung in elektronischen Systemen.
Die Wiedergabe von allgemein beschreibenden Bezeichnungen, Marken, Unternehmensnamen etc. in diesem Werk bedeutet nicht, dass diese frei durch jedermann benutzt werden dürfen. Die Berechtigung zur Benutzung unterliegt, auch ohne gesonderten Hinweis hierzu, den Regeln des Markenrechts. Die Rechte des jeweiligen Zeicheninhabers sind zu beachten.
Der Verlag, die Autoren und die Herausgeber gehen davon aus, dass die Angaben und Informationen in diesem Werk zum Zeitpunkt der Veröffentlichung vollständig und korrekt sind. Weder der Verlag noch die Autoren oder die Herausgeber übernehmen, ausdrücklich oder implizit, Gewähr für den Inhalt des Werkes, etwaige Fehler oder Äußerungen. Der Verlag bleibt im Hinblick auf geografische Zuordnungen und Gebietsbezeichnungen in veröffentlichten Karten und Institutionsadressen neutral.

Planung/Lektorat: Irene Buttkus
Springer Gabler ist ein Imprint der eingetragenen Gesellschaft Springer Fachmedien Wiesbaden GmbH und ist ein Teil von Springer Nature.
Die Anschrift der Gesellschaft ist: Abraham-Lincoln-Str. 46, 65189 Wiesbaden, Germany

Was Sie in diesem *essential* erwartet

- Ein leichtfüßiger Einstieg für jedermann in eine schwere Materie: Umweltschutz & Geopolitik
- Eine konkrete Arbeitsanleitung, wie jeder Einzelne, wie Sie und ich auf lokaler und globaler Ebene die drohende Umweltbelastung persönlich abbauen kann bzw. können
- Eine Möglichkeit, täglich ein neues Verhalten im Umgang mit Ressourcen, Konsum und Gesellschaft zu entdecken
- Ein erweiterter Zugang zur Selbstreflektion in Öko-Fragen im Gespräch mit Ihren Mitmenschen, den Verantwortlichen und Regierenden

Inhaltsverzeichnis

Einleitung 1

Wir alle wissen es längst: Um den Klimawandel und seine dramatischen Folgen noch aufzuhalten, müssten wir entschieden handeln, und zwar jetzt. Das empfinden viele von uns aber als unpopulär, denn dadurch würde sich unser aller Leben ändern, was wir eigentlich gar nicht wollen. Noch immer haben Eigeninteresse und Profit Vorrang. Solange wir mit Kohle, Erdöl, Erdgas, Verbrennungs-motoren, Kreuzfahrtschiffen, Flugreisen, Massentierhaltung u. a.m. Geld verdienen können, werden wir die Klimawende nicht erreichen. Unser Globus wird mit voller Kraft an die Wand gefahren. Wie können wir das verhindern?

Die gute Nachricht ist, dass weltweit bereits viele kleine und grössere Gruppen von Umweltschützern begonnen haben, global zu denken und lokal zu handeln. Sich im Rahmen seiner eigenen Möglichkeiten im nächsten Umfeld umweltgerecht zu verhalten, scheint mir das Wichtigste. Leider genügt das aber nicht. Wir müssen uns ab sofort dafür engagieren, dass die Regierenden unserer Länder unseren Unmut verstehen und unser Umweltanliegen an die Verantwortlichen anderer Länder der Welt hinaustragen. Vorwärts geht es nur in gemeinsamen Schritten.

In meinem Büchlein *Trennen & Umverteilen* (Rohland 2020) aus dem Jahr 2020 hatte ich über die Wichtigkeit der Umwelt- und Klimathemen gesprochen und einen geopolitischen Weg mit einem Weltklimarat vorgeschlagen. Die aktuelle weltpolitische Lage, die noch immer nicht gelöste Pandemie und die sich zuspitzenden Umweltprobleme haben mich nun dazu bewogen, dieses neue Buch zu schreiben. Grundsätzlich hat sich an meiner Haltung und den in diesem früheren Buch getroffenen Aussagen nichts verändert. Infolge des weltweiten Wandels haben sich für mich aber neue Aspekte ergeben, die ich in diesem Essential einbringen möchte. Hinzu kommt, dass ich aus dem Feedback meiner Leser zu präzisieren gelernt habe und mich deshalb verpflichtet fühle, eine zeitangepasste Version meiner früheren Thesen darzulegen.

© Der/die Autor(en), exklusiv lizenziert durch Springer Fachmedien Wiesbaden GmbH, ein Teil von Springer Nature 2021
C. J. Rohland, *Ein Weltrat für den Umweltschutz,* essentials, https://doi.org/10.1007/978-3-658-34904-2_1

Bezüglich der Genderfrage und Höflichkeitsformen möchte ich dem Text voranstellen, dass alle Formulierungen so zu verstehen sind, dass *der Leser* sowohl für weiblich als auch für männlich steht. Auch ist die Ansprache der Person – ob *Sie* oder *du* – für mich immer gleichgestellt. Daher ist es auch gleichwertig, ob hierbei klein oder gross geschrieben wird.

Mein Umwelt- und Klimaaufruf richtet sich vor allem an mich selbst. Vielleicht teilen andere Menschen meine tiefste Überzeugung und Weltansichten. Das würde mich freuen und ich danke für jede Unterstützung, die uns näher zu mehr Übernahme der geopolitischen Verantwortung für unseren Planeten bringt.

Christoph J. Rohland, im Juni 2021.

Auf leisen Sohlen zur Realität

Auf dieser einzigartigen Welt leben aktuell etwa 7,6 Mrd. Menschen. Sie bevölkern die Kontinente, solange die Natur ihnen Kraft und Antrieb schenkt. Durch ihr Verhalten beeinflussen alle Menschen die nachhaltige Entwicklung der Naturkräfte. Das Leben entsteht in der Gemeinschaft mit Anderen. Es gibt kein Leben ohne Güter, und ohne Menschen werden Güter nicht gefördert. Zur Güterherstellung brauchen Menschen den Güterverzehr. Dieser verursacht Schadstoffe. Diese Belastung und seine Bewältigung rund um den Erdball hat mich auf den Plan gerufen, diese Thesen zu schreiben.

Hier schreibe ich an Freunde, Bekannte und Verwandte, an Regierungsverantwortliche kleiner oder grosser Nationen, und auch an die Unternehmer. Jetzt ist die Zeit reif, Umwelt- und Klimabedrohungen abzuwehren. Über Katastrophen auf der Welt zu lamentieren oder diese gar zu ignorieren, ist wenig sinnvoll. Huldrych Zwingli (1484–1531), ein Schweizer Reformator, meinte zu Recht: *„Gedanken genügen nicht, sie müssen zur Tat werden."* Gemeinsam können wir die Welt verändern.

> Klima- und Umweltfragen wachsen global zu einer Art 5. Dimension aller Messeinheiten. Diese beanspruchen mehr Aufmerksamkeit, als in Tiefe, Breite, Länge, Höhe und Zeit je zu finden sein wird.

Wie wichtig dieses Thema weltweit geworden ist, wissen wir zur Genüge, nur machen wir noch zu wenig aus dieser Erkenntnis. Bücher, Statistiken, Zeitungs- und Forschungsberichte, kompromittierende Veranstaltungen und Filmdokumentationen rücken tagtäglich Dinge ans Licht der Öffentlichkeit, die falsch laufen;

© Der/die Autor(en), exklusiv lizenziert durch Springer Fachmedien Wiesbaden GmbH, ein Teil von Springer Nature 2021
C. J. Rohland, *Ein Weltrat für den Umweltschutz,* essentials, https://doi.org/10.1007/978-3-658-34904-2_2

sie belasten unser Gewissen und lassen uns weltweit in den Sprechchor guter Absichten einstimmen – jedoch ohne konkrete Taten folgen zu lassen.

Gemeingüter wie Luft, Sonne, Wasser und andere natürliche Ressourcen stehen auf der Welt eigentlich unbegrenzt zur Verfügung. Aber ihre Verteilung orientiert sich nicht an den geografischen Grenzen der Kontinente oder gar an den historisch gewachsenen Grenzen von Nationalstaaten. Güter aller Art entstehen irgendwo und irgendwie; sie sind im ganzen Universum von der Erde bis zum Himmel verteilt gegeben. Hier entsteht das erste Problem.

Durch das Einzelverhalten jeder Nation bestimmt jeder Staat alleine und mehr oder wenig willkürlich über die Besitzansprüche am nationalen Eigentum seines Landes. Von einem globalen und sozialgerechten Standpunkt betrachtet, sei aber die Frage erlaubt, wer die wirklichen Gütereigentümer der Erde sind. Oder andersherum gefragt: Wer wurde – ebenso willkürlich – zum Besitzer von natürlichen Rohstoffen, Reserven und den vom Menschen verursachten Schadstoffen? Wir haben uns im Völkerrecht für die Anerkennung nationaler Grenzlinien entschieden. Dieses Rechtsverständnis ist aus einem kulturellen und historischen Prozess herausgewachsen, was sicher richtig ist und auch unangetastet bleiben soll. Doch hier entsteht das zweite Problem.

Die geopolitische Zuteilung sowie die Umverteilung irdischer Allgemeingüter ist weder geklärt noch legitimiert. Welche Staaten über welche natürlichen Ressourcen völkerrechtlich verfügen können, welchen Nationen Rohstoffe und Energieträger für immer gehören sollen oder wer die Verantwortung für die Entsorgung nicht wiederverwertbarer Schadstoffe trägt, ist offen und wird kaum diskutiert. Das Trennen und Umverteilen aller Güter unter fast 200 Nationen ist eine Herausforderung des Anthropozäns[1]. Die im Folgenden vorgestellte Lösung scheint aus einer heutigen Sichtweise heraus betrachtet vielleicht paradox, doch in einer internationalen Gemeinschaft ist sie machbar, wenn wir wollen. Mit diesem Essay auf Deutsch und Englisch lade ich die Öffentlichkeit aller Kontinente dazu ein, sich auf diese heikle, aber realistische Problemlösung einzulassen.

Die Tatsachen oder besser Untaten, die wir täglich über Medien, Statistiken und Erlebnisberichte aufnehmen, sind unermesslich gross und werden immer unüberschaubarer. Als Bürger dieser Welt fühle ich mich oft ohnmächtig, ratlos und betroffen, weil ich mich mit für eine Korrektur unseres Verhaltens bezüglich der Umwelt verantwortlich fühle. Ich bin selbst Teil einer Weltgeschichte, die in Schieflage geraten ist. Nun habe ich über Jahre hinweg schon viel über Umwelt-

---

[1] Anthropozän: Der Begriff stammt seit 2000 vom Niederländer Paul Crutzen und steht für eine «Geologie der Menschheit». Dieses neue Erdzeitalter steht in Ablösung des Holozäns, welches mit seinen stabilen Klimaverhältnissen zu Ende gekommen ist.

und Klimafragen gehört, gelesen und reflektiert. Aber ich werde auch in Zukunft nicht aufhören, Fragen zu stellen, zuzuhören und über Antworten zu reflektieren. Gegen die bedauerlicherweise oft negative Nachrichtenflut wehre ich mich und halte dieser meine eigene Überzeugung entgegen.

Die Chance, aus dem Dilemma herauszukommen, besteht weiterhin und für alle. Die Steuerung der Klimaerwärmung müssen wir nicht mehr unserem Unwissen, unserer Orientierungslosigkeit, überlassen. Dank wissenschaftlicher Forschung und Studien ist sie keine Utopie mehr. Wir haben jetzt endlich die technischen Voraussetzungen zur Umsetzung eines wirksamen Klimaschutzes.

Das Ziel heisst: Null Treibhausgas-Emissionen bei Einsatz von Ressourcen, die zu hundert Prozent recyclebar[2] sind.

Das wirtschaftliche Wiedererwägen der Atomindustrie (Gates 2021) (Bill Gates) ist keine Option, weil sowohl bei der Spaltung sowie der Kernfusion natürliche Rohstoffe abbaut werden, welche unserem Planeten unersetzlich verloren gehen würden. Komplett schadstofffrei wird die Energiegewinnung durch die Kernfusion nicht(Max-Plank-Institut 2021). Klimaneutralität allein ist bestenfalls eine technologisch eines fernen Tages mögliche Stossrichtung, doch als realistische Energiequelle greift sie für einen steigenden Energiebedarf der Menschen zu kurz.

Doch die Energiewende ist trotz allem machbar – weltweit. Deshalb schreibe ich hier.

Was wir unbedingt und rasch auf internationaler Ebene brauchen, ist eine konkrete politische Anleitung, die uns selbst, über nationale Grenzen hinaus und ohne Schuldzuweisungen an andere Nationen, zu entschlossenen Handlungen führt.

Mit allen Möglichkeiten der heutigen Kommunikation appelliere ich an die Menschen, einen geopolitischen Dialog zu führen und deshalb suche ich das Gespräch mit denjenigen, die sich für das Überleben unseres Planeten verantwortlich fühlen.

---

[2]Restlos recyclebar bedeutet, dass bereits zur Herstellung sauberer Energie ausschliesslich erneuerbare Rohstoffe verwendet werden.

Lösungsansätze und Erfolgsfaktoren 3

Damit die nationalen Interessen bewahrt und der Planet zugleich vor weiteren Katastrophen bewahrt werden kann, sind zunächst die folgenden **Voraussetzungen** zu schaffen:

- Klima- und Umweltfragen international zum drängendsten Problem erklären und so weit als möglich von anderen internen nationalen Staatsaufgaben trennen
- Die Marktwirtschaft, die Forschung, die Technik und die Politik müssen sich in ihrem Handeln aufeinander abstimmen
- Auf der ganzen Welt gleichgesinnte Verantwortliche und Influencer finden, damit konkrete Öko-Ziele definiert werden, die zu effektiven Handlungen mit anderen Völkern verpflichten
- Konstruktive Kritik am menschlichen Fehlverhalten zulassen, solange diese als machbare Vorschläge zur Problemlösung beitragen
- Ideen, Querdenken, Illusionen zulassen. Sie können zu Visionen und Utopien führen, die für die Menschheit nützlich sein können
- Zu einer offenen Klima-Kommunikation in allen Ländern aufrufen, vom eigenen Umfeld über das Gespräch mit Bürgern, verantwortlichen Politikern, Parteien und Unternehmen bis hin zu Regierungen und anderen global einflussreichen Institutionen
- Nie aufhören, einander zuzuhören, zu reflektieren, zu verstehen und Fragen zu stellen

© Der/die Autor(en), exklusiv lizenziert durch Springer Fachmedien Wiesbaden GmbH, ein Teil von Springer Nature 2021
C. J. Rohland, *Ein Weltrat für den Umweltschutz,* essentials, https://doi.org/10.1007/978-3-658-34904-2_3

Das sind die **Erfolgsfaktoren** zur Umsetzung der Strategie:
Natürliche Ressourcen und Energien sind mit den vom Menschen produzierten, nicht vollständig recyclebaren Schad- und Giftstoffen schmerzvoll vereint. Es ist an der Zeit, diese Abhängigkeit zu erfassen und umzuverteilen.

Die Unterscheidungen zwischen politisch Linken und Rechten, Armen und Reichen sowie die zwischen dem globalen Norden und Süden verlieren in Bezug auf Umwelt- und Klimathemen jede Bedeutung. Es existiert einzig und allein der Wille, Probleme der Geopolitik über alle nationalen Grenzen hinweg zu koordinieren.

Die Bildung eines Komitees oder Ausschusses für umwelt- und klima-bedingte Herausforderungen auf allen Kontinenten wird als Schwerpunkt im internationalen Völkerrecht verankert.

Aufruf zum Protest, zum Change oder gar zu öffentlichen Störungen sind erfolgreiche Erfahrungen für die Bewegung, doch die Lösung steht am anderen Ende. Sie erfordert ein Umdenken aller Beteiligten.

Wer Feindbilder schafft, muss sich auch die Frage stellen, wie er diese für seine Überzeugung gewinnen kann. Was konkret wäre der Mehrwert für die gesamte Menschheit?

Systemkritiker auf ihre Systeme ansprechen: Welches Modell ist gemeint? Welche Systeme bewahren, welche abschaffen?

Damit wir über das Reflektieren und die nationalen Analysen jedes Landes hinwegkommen, benötigen wir zunächst eine Auslegeordnung aller bestehenden nationalen und internationalen Kräfte für Umweltschutz. Was haben diese bereits aufgebaut und umgesetzt? Welche weltlichen Bündnisse fördern einen globalen geopolitischen Weg? Welche ökologischen Entwicklungen sind zu blockieren und warum?

Wenn wir wirklich eine internationale Weltgemeinschaft und eine Klimaregierung für Umweltschutz aufbauen wollen, dann sind zuerst alle Menschen jedes einzelnen Staates rund um den Erdball für dieses gemeinsame Ziel zu gewinnen.

Ein gemeinsames Ziel anzuerkennen, zu formulieren und wirkungsvoll umzusetzen, erfordert eine Höchstleistung im Denken und stellt das eigene Gewissen vor eine harte Prüfung. Der Entscheid, der daraus resultiert, trägt oft eine schwere moralische Verantwortung und Verpflichtung. D'Artagnan aus der Novelle *Die vier Musketiere* von *Alexandre Dumas* beschwört seine Freunde und ruft: „*One for all and all for one!*" Das ist die Gesinnung, die uns oft fehlt.

Es liegt also nicht nur in den Händen von Regierungen und Grossunternehmen, den Umwelt- und Klimafokus so auszurichten, dass eine legitimierte neue Verfassung, ähnlich der UN, entstehen kann. Zuerst sind es die Erdbürger aller Nationen, die durch Interpellation und Aufrufe die Voraussetzung für ein gemeinsames Vorgehen schaffen. So können sich die Verantwortlichen in Regierungen und Konzernen die erforderliche Aufmerksamkeit zu diesen Themen verschaffen, um dann ihrer Nation zur Errichtung einer neuen Institution für Umweltschutz zu verhelfen.

Dass die Nationen für eine weltweite Zusammenarbeit schon Bereitschaft zeigten und entsprechende Massnahmen innert weniger Jahre durchsetzen konnten, wurde am Beispiel des Ozonlochs bewiesen. Das Loch über der Antarktis war im Jahr 2019 so klein wie zuletzt in den 1980er Jahren. Dies nur auf einen Erfolg globaler Schutzmassnahmen zurückzuführen, wäre nicht ganz korrekt, aber dank der gemeinsam beschlossenen, verschärften Regeln ist sicher, dass die Luft der südpolaren Stratosphäre immer weniger von jenen menschengemachten Substanzen wie dem FCKW enthält, die das für uns Menschen so wertvolle Ozon vernichten.

Noch ist es uns nicht gelungen, eine weltumfassende Institution zu schaffen, die zentral den Umgang mit Wasser, Erde, Luft, Sonne und Atmosphäre rechtlich koordiniert und regelt. Was nun den eigenen nationalen Umgang mit diesen globalen natürlichen Ressourcen, Energien und Schadstoffen auf dem ganzen Planeten betrifft, so gilt es, losgelöst von lokalen und nationalen Einzelinteressen zu überlegen, wie unsere Umweltbündnisse[1] aktiviert werden müssen, damit sie einem weltweiten Umweltschutz dienen. Das wird nicht einfach, aber es kann gelingen.

Was die Sicherheit und den Weiterbestand unserer Welt infolge eines möglichen Klimakollapses betrifft, so ist in dieser Hinsicht ein globales Denken und Handeln aller Nationen und ihrer Individuen unabdingbar. Jedes Land unserer Erde, es mag gross oder klein sein, verbleibt als einzelner Entscheidungsträger letztendlich zu klein, um die Verantwortung allein übernehmen zu können. Für diese Fragen und die sich daraus ergebenden Konsequenzen für die Menschheit an diesem entscheidenden Punkt müssen wir uns zu einer gemeinsamen Orientierung und Verteilung des Gemeingutes und der Schadstoffe zusammentun. Wie

---

[1] Internationale Umweltverbände: WWF, Greenpeace, IUCN (international Union for Conservation of Nature and Natural Resources) sowie die vielen nationalen Organisation jedes eigenen Staates.

beim Erkennen des Ozonlochs brauchen wir heute die Einsicht, dass gemeinsam anerkannte, verschärfte Regeln notwendig sind, die in einem internationalen
Regelwerk kodifiziert werden.

Durch den Aufbau und die Anerkennung eines für die ganze Welt verantwortlichen internationalen Exekutivrates mit einem starken Parlament
können wir drängende Probleme im Umgang mit Energie und Natur
von allen 196 Staaten aufnehmen und in der Gemeinschaft die Umwelt
international schützen.

Projekt: Errichtung einer internationalen Umweltschutzinstitution
7–9 Welträte[1] und
200 Weltparlamentarier für Umweltschutz.
Umwelt- und Klimaprobleme wachsen auf allen Kontinenten stark an. Es bedarf eines weltweiten internationalen Schutzkonzeptes. Deshalb werden die exekutiven **Welträte (WRFU)** und ein legislatives **Weltparlament für Umweltschutz (WPFU)** etabliert.

Das zukünftige Regierungsamt wird von allen Nationen und Staaten der Welt völkerrechtlich anerkannt. Forschung, Entwicklung und Wissenschaft im Bereich Klima- und Umweltschutz unterstützen und legitimieren den neuen Weltrat.

Die von den Nationen gewählten Mitglieder des Weltrates mit dem Parlament entscheiden selbständig und mehrheitsfähig über den globalen Klima- und Umweltschutz aller Kontinente. Sie sehen in ihrer Arbeit die Notwendigkeit der Welt- und Geopolitik. In Absprache mit den Nationen, Ländern und Staaten entwickeln sie verbindliche Massnahmen, wie diese über fossile Gemeingüter, Energien, Ressourcen, und auch über den Umgang mit toxischen Abfällen verfügen sollen. Sie handeln in diesem Sektor als selbständige Kommission oder auch als Komitee der Vereinten Nationen. In jedem Fall übernehmen sie die Führung und Verantwortung für den weltweiten Klima- und Umweltschutz.

Im Weiteren erfasst und definiert der WRFU alle auf der Erde effektiv zur Verfügung stehenden natürlichen Gütermengen, produzierte Abfallstoffe und deren Werte. Keine leichte Aufgabe, doch das Zusammenspiel der Märkte, der Technologie und Politik ermöglicht dem WRFU quantifizier- und qualifizierbare Daten.

---

[1]Die Anzahl der Welträte und Parlamentarier versteht sich als Vorschlag für ein neues Regierungssystem schweizerischer Prägung (auch Direktorial System genannt).

© Der/die Autor(en), exklusiv lizenziert durch Springer Fachmedien Wiesbaden GmbH, ein Teil von Springer Nature 2021
C. J. Rohland, *Ein Weltrat für den Umweltschutz,* essentials,
https://doi.org/10.1007/978-3-658-34904-2_4

Diese werden so interessierten Ländern zu einem nach Angebot und Nachfrage ausgerichteten Marktpreis zur Verfügung gestellt.

Alle Nationen sind im WRFU vertreten, denn der Weltrat konstituiert sich erst durch die Teilnahme aller Völker. Für seine Entscheide gilt das Majorz-Prinzip. Für die Staaten bestehen eine rechtliche Anerkennung und die Verpflichtung, die Gesetze, Verordnungen und Bestimmungen der neuen Verfassung umzusetzen.

In der Verfassung des Weltrates ist primär festzulegen, welches Vorgehen zu treffen ist, wenn Entscheide von Nationen, Ländern oder einzelnen Staaten nicht von allen Beteiligten anerkannt werden.

Eine mögliche Lösung wäre, den im neuen Parlament bei den Wahlen überstimmten Abgeordneten für deren Länder eine befristete Übergangsregelung bis zur Annahme der getroffenen WRFU-Entscheide anzubieten. Damit verbunden wäre für diese Minderheit eine Bestimmung, andere für die Weltgemeinschaft ebenso nützliche Verpflichtungen im Sinne einer Hypothek einzugehen und umzusetzen (Entgelt, Dienste, Emissionshandel, Warenlieferungen).

Das folgende Beispiel dient zum besseren Verständnis; Angenommen, der Staat X ist nicht bereit, bis 2030 restlos aus der Atomenergie auszusteigen. Deshalb macht er dem WRFU den Gegenvorschlag, ab 2040 auf diese Energiequelle zu verzichten. Der WFRU akzeptiert unter der Voraussetzung, dass der Staat X dem WRFU andere Güter als Gegenleistung zu einem Tiefpreis abtritt. Der Staat X entschädigt damit sozusagen die anderen Mitglieder für seine Nicht-Beteiligung am Welt-Vertrag während der 10 fehlenden Jahre. Sollte allerdings der Staat X nicht auf die WRFU Bestimmungen eingehen, müsste der WRFU in Absprache mit seinen Gliedstaaten Sanktionen gegen X aussprechen. Marktwirtschaften abweichender Nationen werden auf diese Weise für eine bestimmte Zeit bei Zuwiderhandlungen rechtlich geschützt. Durch die zwingenden Leistungen an die Welt Gemeinschaft bleiben sie aber dennoch an ihre Verpflichtungen gebunden.

Die 7 bis 9 Räte und die 200 Parlamentarier erfassen und bestimmen kosmopolitisch die Ver-, Um- und Zuteilung des Gesamtpotenzials an natürlichen Reserven, Ressourcen, Energien und Abfalllagerungen.

Damit diese Räte und Parlamentarier **auf internationaler Ebene** globale Aufgaben erfüllen können, bedürfen sie zunächst einer gesetzlichen Legitimation und Abgrenzung vom Herkunftsland.

Demzufolge wird das **nationale** Bundesamt für Klima- und Umweltschutz im jeweiligen Land von anderen Aufgaben (wie Politik, Wirtschaft, Finanzen, Recht, Sicherheit etc.) formal und rechtlich abgekoppelt.

Der internationale Weg mag am Anfang seiner Implementierung noch Schwierigkeiten bereiten. Doch haben mir weltliche Erfahrungen und mein Glaube an die

Kraft der Veränderung eine unerschütterliche Zuversicht gegeben, dass die geopolitische Globalisierung sich bald in diesem einzigen Punkt als logisch und richtig erweisen wird.

Zu den obersten Zielen des WRFU gehört erstens die Erfassung und Förderung aller natürlichen Ressourcen der Erde, die ökonomisch nutzbar und unter den Nationen verhandelbar sind. Zweitens sind die Daten laufend zu analysieren, zu quantifizieren und entsprechende Massnahmenpläne vorzuschlagen. Drittens müssen in den Wahlverfahren Wege und Strategien umgesetzt werden, damit Entscheide in einem (noch zu definierenden System) verbindlich unter allen Völkern verteilt werden. Eine weitere primäre Aufgabe des WRFU wird, das Erfassen und Umverteilen von Rohstoffen und Energiequellen sowie das Bearbeiten der Endlager toxischer Abfälle sein.

Der Weltrat ist ermächtigt, nachhaltigen und globalen Umweltschutz zu leisten. Er bewältigt eine zentrierte Klimaarbeit, die weltweit greift und überall rechtlich anerkannt ist.

> Über die Umverteilung und Zuteilung aller natürlichen Ressourcen (Luft, Sonne, Wasser) und der fossilen Energieträger (Öl, Kohle etc.) sowie über die Frage, wie wir weltweit toxische Abfälle entsorgen, wird das globale Parlament für Umweltschutz (WRFU) entscheiden.

Naturkräfte sind, wie wir aus der Wissenschaft wissen, voneinander und untereinander durch ihre eigenen an das Universum gebundenen Gesetze abhängig. Deshalb sind sie nicht für einzelne Regierungen verhandelbar. Hingegen benötigen sie den Schutz und die unermüdliche Pflege einer internationalen Weltgemeinschaft.

© Der/die Autor(en), exklusiv lizenziert durch Springer Fachmedien Wiesbaden GmbH, ein Teil von Springer Nature 2021
C. J. Rohland, *Ein Weltrat für den Umweltschutz,* essentials,
https://doi.org/10.1007/978-3-658-34904-2_5

Die in Tab. 6.1 genannten Erdteile, mit entsprechenden Zahlen und Gewichtungen, bilden erste Kriterien für die Zusammensetzung der WRFU-Mitglieder. Diese werden letztendlich nach Absprache mit den Nationalstaaten in der Verfassung festlegen, wann und wie der für die Menschheit so überlebenswichtige geopolitische Wandel konkret zu vollziehen ist.

Sich dabei auf rein prozentuale Berechnungen der Weltbevölkerung zu stützen, würde beispielsweise bedeuten, dass 59 % des Weltrates für Umweltschutz mit Personen aus dem asiatischen Raum zu besetzen wären. Es hiesse aber auch, dass Ozeanien mit seinen riesigen Meeresflächen, aber nur einem Prozent Anteil an der Weltbevölkerung kaum berücksichtigt würde. Die so berechneten Resultate würden daher zu falschen Gewichtungen unter den Ländern führen. Es bedarf vieler zusätzlicher Kriterien, um die richtige Auswahl der im **Weltrat für Umwelt** sitzenden Delegierten zu definieren. Vor allem sind die folgenden Schwerpunkte zu klären:

- Länder berücksichtigen, deren CO_2-Ausstoss zwar erheblich gross ist, die jedoch durch aktuelle Massnahmen aufzeigen, dass sie die Kehrtwende weg von fossilen Treibstoffen zielführend umsetzen.
- Auch mit dem Wissen, dass es aktuell bedeutende Nationen gibt, die sich für ihren Energiekonsum noch immer nicht auf erneuerbare fossile Energieträger stützen, ist deren Mitarbeit im Weltklimarat trotz allem zwingend.
- Mitsprache der OPEC-Staaten, auch wenn deren Ziel darin besteht, den Ölexport zu schützen und zu pflegen. Auch Australien und Kanada zeigen momentan ein klimapolitisches Verhalten, das die Sorgfaltspflicht für die Umwelt schwer verletzt. Auch diese Staaten gehören zum Weltrat für Umweltschutz.

© Der/die Autor(en), exklusiv lizenziert durch Springer Fachmedien Wiesbaden GmbH, ein Teil von Springer Nature 2021
C. J. Rohland, *Ein Weltrat für den Umweltschutz,* essentials,
https://doi.org/10.1007/978-3-658-34904-2_6

Tab. 6.1 Weltbevölkerung nach Erdteilen

Bevölkerung in 2018 (in Mio.)		Weltbevölkerung (in %)
Afrika	1284	17
Asien	4536	59
Europa	746	10
Lateinamerika	649	8
Nordamerika	365	5
Ozeanien	41	1

- Grosse Gewichtung im Weltrat für grosse Partnerländer, kleine für kleine Staaten wäre die falsche Konsequenz. Es gilt vielmehr, zu berücksichtigen, ob Nationen gewillt sind, sich innert einer definierten Frist von der Kohleverbrennung, von Öl, Erdgas- und Uranförderung zu verabschieden oder Abfälle und Giftstoffe selber zu entsorgen. Und das werden und müssen sie. Und das zählt.

- Im umgekehrten Sinne stehen vielleicht kleinere europäische Länder mit neuster, aber im Vergleich zu anderen Ländern beinahe unbezahlbarer Technologie für globale Neuansätze bereit. Auch deren Kompetenz ist im internationalen Rat für Umweltschutz immens wichtig.

Eine definitive Gewichtung und Umsetzung der richtigen Anzahl Personen im WRFU kann weder einzelnen Welträten noch bestimmten Parlamentariern abgetreten werden; Hingegen könnte eine UN-Taskforce entsprechende Vorschläge und Entscheide übernehmen.

In diesem Buch sollen keine Länder-Statistiken publiziert werden, um Nationen dafür an den Pranger zu stellen, welche Mengen von Schadstoffen sie ausstossen und diesen die Verantwortung für den biologischen Zustand unserer Welt zu unterstellen. Es wäre ebenso trügerisch, hier aufzeigen zu wollen, welche Länder am effizientesten die Klimastrategien entwickeln und dafür Milliarden von Kapital einsetzen. Das UNO-Prinzip der „gemeinsamen, aber differenzierten Verantwortung" besagt, dass, ob klein oder gross, alle Länder mithelfen müssen und dass denjenigen Ländern eine Schlüsselrolle zukommt, die pro Kopf am meisten Treibhausgase ausstossen und die grössten technischen und wirtschaftlichsten Möglichkeiten für Lösungen haben. Sinngemäss kann dieses Prinzip auch für den Weltrat für Umweltschutz und seine Welträte gelten.

Für die Wahl der 200 Parlamentarier in den Weltrat ist ein ausgewogener Mix zu treffen zwischen:

- Bevölkerungsanteile der einzelnen Nationen
- Ressourcen und zukünftiges Potenzial der Gemeingüter im Ursprungsland
- Ausstoss der CO_2-Emissionen der Verursacherländer
- Anteil Mitsprache von Ländern mit ausgereifter sauberer Technologie
- Anteil Mitsprache von Ländern mit umweltbewusster sicherer Finanzierung
- Anteil Mitsprache von Ländern mit überdurchschnittlichem Willen zur Kursänderung in ihrer Umweltpolitik
- weitere Länder- und Atmosphäre- übergreifende Kriterien

Alle Nationen, Länder, Staaten und Regierungen bestimmen nach ihren Gesetzen, wen sie als Vertreter in den Weltrat für Umwelt ihrer Interessen entsenden möchten. Zusätzlich sollen die Abgeordneten der UNFCCC[1] und der IPCC[2] den Regierungen der Länder auch ihre Kandidaten zur Wahl vorschlagen. Dann ermächtigt jedes Land, jede Nation, ihre Vertreter in das WRFU.

Letztendlich geht es um die Verwirklichung geeigneter, d. h. realisierbarer Handlungen, damit alle 7,6 Mrd. Menschen miteinander leben und sich weiterentwickeln können. Das bedeutet auch, sich von Emotionen und nationalem Denken zu verabschieden und Lösungswege einzuleiten, die in aller Welt mehrheitsfähig sind. Wenn wir im Interesse aller Länder handeln, dann folgen überall auf der Welt bald umsetzbare und verbindliche Taten.

---

[1] UNFCCC (United Nations Framework Convention on Climate Change) Klimarahmenkonvention der Vereinten Nationen.
[2] IPCC (Intergovernmental Panel on Climate Change).

System Change

Als System verstehen wir heute ein abgrenzbares, natürliches oder künstliches Gebilde, das aus verschiedenen Komponenten besteht, die aufgrund bestimmter geordneter Beziehungen untereinander als gemeinsames Ganzes betrachtet werden.

- **Materielle (natürliche) Systeme** sind real, ohne den menschlichen Einfluss entstanden und erhalten sich selbst (Quantensystem, Atom, Molekül, lebendes System, Zelle, Organsystem, Ökosystem, Planetensystem).
- **Mischformen** aus natürlichen und künstlichen Systemen:
- **Immaterielle Systeme** sind nur die künstlich geschaffenen, gedanklichen Systeme, die ohne Einwirken des Menschen keine eigene Dynamik entfalten und deren Existenz von materiellen Systemen abhängt (Beispiele: Begriffssystem, Koordinatensystem, Axiomen System, Modell, Theorie).

Systeme sind als solche nicht einfach als Übel abzulehnen. Wie uns die Geschichte zeigt, schaffen bewährte Systeme oft ein wertvolles Fundament: die systematische Ordnung. Ob reale oder konstruierte Ordnung, sie beruht auf festen Gesetzmässigkeiten, die grundsätzlich zu vorhersagbaren Wirkungen führen. Ordnung deutet auf eine Festigung, nicht auf Veränderung und auch nicht auf eine Abkehr von funktionierenden Systemen. Ob ein *System Change* eine Gesellschaft (Volk, Land) wirklich unterstützt, ist genau zu prüfen. Genau heisst in diesem Fall: mit einer möglichst objektiven, beinahe emotionslosen Betrachtungsweise. Weder politisch Linksstehende noch Menschen von rechts aussen sind die dominanten Entscheidungsträger. Es bedarf einer mehrheitsfähigen, grossen Mitte, die bereit ist, eine Gratwanderung schwieriger Entscheidungen seiner Stimmbürger zu bewältigen.

© Der/die Autor(en), exklusiv lizenziert durch Springer Fachmedien Wiesbaden GmbH, ein Teil von Springer Nature 2021
C. J. Rohland, *Ein Weltrat für den Umweltschutz,* essentials, https://doi.org/10.1007/978-3-658-34904-2_7

Volkswirtschaften, Staaten und Nationen rund um den Erdball haben während
Jahrtausenden ihre ureigene Kultur geprägt, Lebenserfahrung gesammelt und län-
derspezifische Schwerpunkte im Verhalten untereinander und zu anderen Völkern
erschaffen. Jedes Volk ist heute durch seine immense Geschichte geprägt und
erntet damit unter Nachbarländern gebührende Anerkennung (oder auch nicht).
Solange das dahinterstehende Wertesystem nicht kollabiert, ist an diesen bestehenden Regierungs- und Wirtschaftsformen nichts einzuwenden. Es besteht schlicht
kein Bedarf, bewährte Systeme über Bord zu werfen und sie durch andere zu
ersetzen. Die Politik, das Völkerrecht und die Zuteilungen für irdische Güter hat
jedes Land, jede Nation, jeder Staat, für sich selbst schon längst klar definiert.
Ein Wechsel im Regierungs- und Führungssystem würde bestenfalls Unsicherheit
und Verwirrung unter den Verantwortlichen bedeuten.

Es ist zu kurz gedacht, zu glauben, dass eine totale Abkehr von etablierten
und zumindest teilweise bewährten Systemen, Gesetzen und bestehenden Regie-
rungspraktiken für die Zukunft der Menschheit förderlich ist. Unsere heutige
Weltordnung, mit all ihren politischen Formen, hat sich weitgehend klar definiert.
Sich darüber zu beklagen, ist weder ein Weg noch ein Ziel. Die Entwicklungsge-
schichte hat uns im Verlauf der Geschichte zu dem gemacht, was wir wirklich sind
und können. Mit Wissen, Erfahrung und Instinkt vernetzen wir uns im ureigenen
Interesse mit dem Anderen vielleicht anfangs noch Fremden und suchen gemeinsam und mit viel Kompetenz die Lösung in einem Bündnis. Das ist für viele
Fachgebiete (Finanzen, Politik, Handel, Rechtswesen, Bildung und Kultur) auch
das beste Vorgehen jeder reflektierenden Nation. Denn es liegt auch in unserer
Natur, dass wir unser Tun und Handeln nie selbstlos ausgrenzen und abschot-
ten. Eher suchen wir aus persönlicher Neugier oft die Nähe und den Wettbewerb.
Schon bald schliessen wir uns mit gleich gesinnten Partnerländern zusammen, um
persönliche, lokale und nationale Ziele in einen grösseren Kontext zu bringen. Das
ist seit Jahrzehnten unser Erfolgsrezept.

Systeme innerhalb geografischer Nationen entscheiden immer unabhängig und
selbstbewusst. Das ist grundsätzlich auch nicht in Frage zu stellen, sondern sogar
unabdingbar und richtig. Alle Länder müssen ihre eigenen Werte und politischen
Haltungen bewahren können. Es liegt nicht am Einzelnen, in andere Regierungen einzugreifen. Wir wissen aus der Weltgeschichte, dass solches Kräftemessen
immer zu materiellem Neid, ethnischem Hass und Verachtung gegen den Kon-
kurrenten und schlussendlich zum Krieg unter den Völkern führt. Niemand –auch
keine Institution – kann Anderen eine «bessere» Welt-Ordnung vorschreiben
(Bender 2017). Immer – das hat die Weltgeschichte gezeigt – liegt es in der Natur
der Sache, dass jedes Land, jede Staatsmacht, den eigenen nationalen Interessen
den Vorrang gibt, bevor andere Regierungen auftreten.

Es entsteht beispielsweise nie eine weltweite Sicherheit mit internationalen Waffengesetzen, denn immer regeln nationale Waffenfabriken den damit verbundenen Handel. Infolge der vielen gegensätzlichen Regierungssysteme wird das nie möglich sein. Menschen verhalten sich auf dem Planeten egoistisch, unberechenbar oder gar chaotisch. Die Herausforderung heisst: Wie lassen sich unterschiedliche Systeme für ein gemeinsames Vorgehen beim Umweltschutz gewinnen? Fest steht nur, dass Einzelne oder ganze Kulturen das Verhalten anderer Nationen nicht zu qualifizieren haben.

Auch in der Beurteilung des Rechts geht die Menschheit oft getrennte Wege. Was ist Recht? Was im Westen sakrosankt ist, wird im Osten oft anders verstanden. Was im Norden längst gilt, steht im Süden vielleicht noch in den Sternen. Die rechtliche Gewährleistung beruht auf dem Ordnungsprinzip des jeweiligen Staates und ist auf andere Länder kaum übertragbar. Bis heute haben 196 Staaten ihre Grenzen auf dem Globus gezeichnet. Sie erkennen sich darin gegenseitig an und respektieren weitgehend die anderen Nationen. Alle 196 Staaten müssen mindestens mit einer Stimme im Weltklimarat vertreten sein.

Fazit

Nationale Ziele dürfen ihre Werte und Wichtigkeit keinesfalls verlieren und die in mancher Hinsicht überall auf der Erde schon bewährten eigenen Regelwerke sind nicht in Frage zu stellen oder gar zu streichen. Diese Systeme dürfen nicht im Chaos enden. Wenn wir gemeinsam und mit Respekt auch gegenüber anders Denkenden handeln wollen, finden wir beim Umweltschutz länderübergreifende Lösungen mit ESG (Environment, Social, Governance) Wirkung.

Mein Vorschlag:

No System Change, aber den Fokus unseres Handelns auf den Klima- und Umweltschutz ausrichten, nicht auf Systeme und Regierungen.◄

Climate Change 8

Der Begriff „Klimawandel" ist komplex und deshalb für politische Parolen mit Vorsicht anzuwenden. Wir sagen *Klimawandel,* meinen aber die *Klimaveränderung* und die Auswirkung auf unseren Planeten.

Natürliche Klimaveränderungen (durch Sonne, Erdumlaufbahn, Treibhausgase, Plattentektonik, Vulkane u. a.m.) bestehen seit Beginn unserer Zeitrechnung und gehören zum Schicksal der ganzen Menschheit.

Anthropogene Klimaveränderung beschäftigen uns weit mehr als die geologischen Phänomene. Unser weltweites Verhalten, besonders seit Beginn der Industrialisierung, beeinflusst das Klima stark und in zunehmendem Umfang.

Der IPCC[1] kam in einer Studie zu dem Schluss, dass die Erwärmung der Atmosphäre, der Erde und der Ozeane vor allem auf der Freisetzung von Treibhausgasen durch den Menschen beruht, wobei die zunehmende Kohlenstoffdioxid-Konzentration und ihr messbarer Einfluss auf die Strahlungsbilanz den Hauptfaktor des Erwärmungsprozesses bildet. Höchstwahrscheinlich, so der IPCC, habe der Mensch mehr als 50 % der zwischen 1951 und 2010 beobachteten Erwärmung verursacht. Bis zum Ende dieses Jahrhunderts rechnet der IPCC im ungünstigsten Fall mit einem Temperaturanstieg im Bereich von 2,6 bis 4,8 °C.

Es ist dieses durch den Menschen verursachte **Klimaverhalten,** das uns belastet und gegen das wir weitweite Massnahmen ergreifen müssen. Die Aussage „No Climate Change" hört sich wie ein riesiger Protestschrei an, natürliche geologische Klimaschwankungen nicht akzeptieren zu wollen. Dagegen können wir uns allerdings lange auflehnen. Das wird nie in unserer Macht liegen.

---

[1] IPCC (Intergovernmental Panel on Climate Change).

© Der/die Autor(en), exklusiv lizenziert durch Springer Fachmedien Wiesbaden GmbH, ein Teil von Springer Nature 2021
C. J. Rohland, *Ein Weltrat für den Umweltschutz,* essentials,
https://doi.org/10.1007/978-3-658-34904-2_8

Was aber der Protestrufer nicht sagt, doch vermutlich meint, ist sein Wunsch, dass wir die globale Erwärmung der Welt stoppen und so bald als nur irgendwie möglich klimaneutral werden müssen.

Das Klima ändert sich durch das Verhalten der Menschen auf der Erde. Es ist die Art und Weise, wie wir tagtäglich auf das Klima einwirken, wie wir mit uns und der Natur umgehen. Innert weniger Jahrzehnte haben wir selbst einen drastischen Klimasturz herbeigeführt. Und dieser zwingt zu einer nachhaltigen Korrektur in unserem persönlichen Verhalten und in der Geopolitik. Im neuen Zeitalter des Anthropozän sind die Menschen gefordert, den sich häufenden Katastrophen mit weltweit wirksamen Massnahmen entgegenzutreten.

Die auf allen Kontinenten verursachten Schäden fordern dazu heraus, darüber nachzudenken, wie wir gewohntes Handeln erfolgreich korrigieren und doch ein reiches Leben führen können. Das Ausmass belastender historischer Ereignisse rückt in den Vordergrund der Weltgeschichte. Nun fordern Raubbau und Fehlverhalten drastische Tribute und unbequeme Entscheide oder gar Verzichte stehen an.

Entweder nehmen wir die aktuelle Lage als Herausforderung an und schöpfen Kräfte aus den bestehenden Ressourcen und Energien oder wir zerstören sie zusammen mit allen Klimaschützern, Regierungen und Marktverantwortlichen der Wirtschaft.

Zu Parolen wie *System Change, No Climate Change* stellen sich zwei Fragen:

- Von welchem System wird eigentlich gesprochen (materiell/immateriell)?
- Welcher Klimawandel soll weg- oder gar abgeschafft werden?

Bevor wir diese Fragen beantworten können, ist eine Klärung dieser beiden Begriffe notwendig. Es geht um die Wahrung und die Stabilität aller gut funktionierenden Systeme, selbst in den entferntesten Ländern der Welt. Andere politische Systeme in Frage zu stellen, steht niemandem zu. Anders ist es beim Klima. Dieses ändert sich immer schneller und überall. Nun werden wir alle zum Querdenken aufgerufen. Unser persönliches Verhalten weiss eigentlich schon längst, was zu tun wäre. Angesichts der drohenden Katastrophen im In- und Ausland müssen jetzt unbequeme geopolitische Handlungen umgesetzt werden, selbst unter Verzicht auf bestimmte Güter und festgefahrenen Lebensgewohnheiten. In diesem Sinne müsste die Parole heissen: „No System Change: Climate Solution Change".

Human Change

Zum Weltverständnis gehört auch, dass der Mensch seit jeher auf allen Kontinenten, in allen wirtschaftlichen und politischen Systemen immer die „Besten" an die Spitze der Hierarchie stellt. Wir Menschen selbst machen diese zu Anführern. Sie werden in wichtige Ämter hineingeboren oder dank ihrer Kompetenzen und Fähigkeiten in hohe Positionen gewählt. Sie führen mit starker Hand, herrschen und treiben andere in ihrer Gefolgschaft zu Höchstleistungen an. Sie sind quasi der Motor für unser eigenes Schaffen im Alltag. Bei Misserfolg ihrer Leistung verurteilen wir sie dann oft und gerne zu Tätern unseres eigenen Fehlverhaltens.

Vergessen wir dabei aber nicht, dass genau dieser Pioniertyp Mensch uns auch in Zukunft nicht fehlen darf, wenn unser Planet überleben soll. Es sind diese starken Verantwortlichen in Regierungen und Unternehmen aller Nationen, welche die Wende und Korrektur für das 21. Jahrhundert einleiteten.

© Der/die Autor(en), exklusiv lizenziert durch Springer Fachmedien Wiesbaden GmbH, ein Teil von Springer Nature 2021
C. J. Rohland, *Ein Weltrat für den Umweltschutz,* essentials, https://doi.org/10.1007/978-3-658-34904-2_9

Klimakonferenzen 10

Nichts ist einzuwenden gegen die Kraft und nachhaltige Dynamik, die von Klimakonferenzen und internationalen Umwelttagungen in die Welt hinausgetragen werden. Doch im Nachhinein stellen wir oft mit Ernüchterung fest, dass nicht alle Teilnehmer konkrete Ziele unterschrieben haben, unterschiedliche Erwartungen zu Tage getreten sind, auch verschiedene Massnahmen in den einzelnen Nationen gefordert werden. Kurz, die vermeintliche Gemeinschaft ist sich über ein weiteres gemeinsames Vorgehen nicht mehr einig. Parteien bezichtigen einander ihrer Fehler; die Reichen, die Entwicklungsländer oder gar die Bremser von neuen Zielen – jedenfalls immer die Anderen – sollen die Schuld und Verantwortung am kläglichen Ausgang der Konferenz tragen. Plötzlich zeigen irgendwelche Fachgremien mit erhobenem Finger auf andere Kontinente und bilden sich ein, zuerst müsse die Gegenseite einlenken, bevor man selbst Massnahmen umsetzen könne. Global gesuchte Lösungen unter den Teilnehmern wirken nun fremd und für andere sogar unverständlich. Weil kein Konsens mehr in der Entscheidung besteht, droht die Gemeinschaft auseinanderzufallen. Eigenen wirtschaftlichen und finanziellen Länderinteressen werden internationale ehrgeizige geopolitische Klimaziele gegenübergestellt.

Die Vergangenheit lehrt uns, dass auf diese Weise Gräben der Uneinigkeit unter eigentlich vereinten Nationen entstehen. Den Willen anderer Nationen mit deren Systemen und fremden Kulturen zu brechen oder politische Parteien mit Kompromissen gefügig zu machen, ist deshalb noch lange keine Umwelt- und Klimalösung.

Natürlich führen Machtabgabe unter Mächtigen in einer national und lokal begrenzten Wirtschaftsordnung zunächst zu Schmerzen infolge des Kompetenz-, Macht- und Kontrollverlusts.

© Der/die Autor(en), exklusiv lizenziert durch Springer Fachmedien Wiesbaden GmbH, ein Teil von Springer Nature 2021
C. J. Rohland, *Ein Weltrat für den Umweltschutz,* essentials, https://doi.org/10.1007/978-3-658-34904-2_10

Wenn aber die internationalen Märkte, die Technologie und die Politik aufeinander zugehen und die rechtlichen Schranken im Umweltschutzbereich abbauen, dann werden alle Verantwortlichen eine spürbare Erleichterung Ihrer Aufgaben erkennen. Von diesem Effekt profitieren letztlich Milliarden von Menschen überall. Über den WRFU wird jetzt die ökologische Last im Umgang mit unserem Planeten von allen Nationen gemeinsam getragen.

Der Weltklimarat IPCC/IAC

Der 1988 gegründete Weltklimarat *Intergovernmental Panel on Climate Change* (IPCC) und der *Inter Academy Council* (IAC) sind zwei zwischenstaatliche Institutionen für Klimawandel. Sie wurden vom *Umweltprogramm der Vereinten Nationen* (UNEP) und der *Organisation für Meteorologie* (WMO) ins Leben gerufen. Die IPCC überprüft und bewertet laufend die neuesten wissenschaftlichen, technischen und sozioökonomischen Informationen, die weltweit für das Verständnis des Klimawandels relevant sind. Sie führt keine Forschung durch und überwacht auch keine klimarelevanten Daten oder Parameter. Sie verschafft der Welt einen wissenschaftlichen Überblick über den aktuellen Wissensstand und die möglichen ökologischen und sozio-ökonomischen Auswirkungen des Klimawandels, ohne jedoch konkrete Lösungswege oder politische Handlungsweisung vorzuschlagen. Deshalb verliert ihre wertvolle Arbeit jegliche Kompetenz und verkommt zum einsamen Rufer in der Wüste.

Eine mögliche Lösung des Dilemmas bestünde darin, wenn die IPCC von den Vereinten Nationen (UNCFFF) dazu ermächtigt würde, die geopolitische Steuerung von Umwelt- und Klimafragen in allen Ländern der Erde zu übernehmen und eine neue Verfassung schreibt. Doch noch ist die IPCC von keiner Nation dazu legitimiert.

Selbst die UNO kann auf Basis ihrer aktuellen völkerrechtlichen Verfassung im Hinblick auf die drängenden Klima- und Umweltfragen nicht handeln, sondern nur beraten. Die Resolution der UN-Generalversammlung vom 24. September 2020 listet erneut bekannte Massnahmen und Absichtserklärungen zur Korrektur auf unserem Planeten auf. Doch es fehlen die rechtlichen Mittel, damit umwelt- und klimaorientierte Schwerpunkte verfasst werden und weltweit umgesetzt werden.

© Der/die Autor(en), exklusiv lizenziert durch Springer Fachmedien Wiesbaden GmbH, ein Teil von Springer Nature 2021
C. J. Rohland, *Ein Weltrat für den Umweltschutz,* essentials, https://doi.org/10.1007/978-3-658-34904-2_11

Gemeingut der Menschheit

12

Für unsere Existenz ist wichtig, dass wir lernen, alle Naturelemente mit ihren riesigen und regenerierbaren Ressourcen als Gemeingut für die Weltbevölkerung zu betrachten. Schon seit Jahrzehnten wissen wir Erdbewohner dank unserer kognitiven Fähigkeiten und der dadurch gewonnenen wissenschaftlichen Erkenntnisse, dass sich Elemente wie Sonne, Wasser, Atmosphäre, Erdvorräte und Natur durch unser Verhalten rasant verändern und/oder teilweise unwiederbringlich verloren gehen. Eine gesunde Erde, enorme Bodenschätze, viele Energiequellen und eine intakte Umwelt stehen dem Menschen eigentlich reichlich zur Verfügung. Leider stehen wir aber vor vergifteten Böden, verschmutzten Gewässern, dem Ansteigen der Meeresspiegel, Algenbildung, Permafrost Schäden und vielen anderen Dingen – kurz gesagt: vor einem völlig gestörten Ökosystem. Die unausweichlich daraus resultierende Folge ist hinreichend bekannt und bestätigt: Atemwegserkrankungen, Vergiftungserscheinungen, Hunger, Migration, Epidemien und Tod.

Der Erde und dem Klima an sich machen steigende Werte von Treibhausgasen nichts aus. Wir Menschen können damit aber überhaupt nicht umgehen. Wenn wir also weiterhin vermehrt Abfälle produzieren und giftige Emissionen einatmen, dann zerstören wir unsere eigene Lebensgrundlage. Die Weltgesundheitsorganisation WHO empfiehlt der Europäischen Union, Empfehlung für Grenzwerte einzuhalten. Die durch Menschen verursachten Schadstoffe belasten die Erde über direkte Emissionen in die Atmosphäre so stark, dass beispielsweise der Schwefeldioxid-Ausstoss (SO_2) in allen Agglomerationen viel höher als der WHO-Grenzwert von 20 Mikrogramm ist und damit tödlich wirkt (Umweltbundesamt, https://www.umweltbundesamt.de/themen/luft/luftschadstoffe-im-ueberblick/schwefeldioxid. Zugriff: 11. Juni 2021).

© Der/die Autor(en), exklusiv lizenziert durch Springer Fachmedien Wiesbaden GmbH, ein Teil von Springer Nature 2021
C. J. Rohland, *Ein Weltrat für den Umweltschutz*, essentials, https://doi.org/10.1007/978-3-658-34904-2_12

Die Umweltorganisation WWF gab Ende Juli 2019 bekannt, dass wir jeweils nach sieben Monaten jedes Jahres quasi auf Kredit unseres Planeten leben (Gyssler, 2017). Will heissen: Wir konsumieren ab diesem Zeitpunkt mehr, als die Erde nachhaltig in diesem Jahr produzieren kann. Die besten Studien, Recherchen, Daten und Statistiken liegen vor. Vergangenheit, Gegenwart und Zukunft sind rechnerisch erklärbar geworden, doch scheinen diese Wahrheiten und die dahinterstehende Logik der damit verbundenen letztendlichen Selbstzerstörung wenig zu beeindrucken.

Die Wissenschaft hat uns schon tausendfach vorgerechnet, dass es nur eine Frage der Zeit ist, ehe unsere Lebensgrundlagen kollabieren. Doch ausgerechnet dann, wenn es um die Existenz unseres Planeten geht, scheinen wir Wissen, Vernunft und Nachhaltigkeit im Gehirn auszuschalten. Wir flüchten uns in unseren Gedanken zu abstrakteren Dingen oder zu Tagesthemen, wie sie die Medien jeden Tag aus ihrer Sichtweise präsentieren. Politische oder wirtschaftliche Entwicklungen in der eigenen Nation beschäftigen uns oder wir suchen Ablenkung in Freizeit oder im Konsumverhalten. Trotz allem können wir uns, wenn wir wollen, auch der grössten Herausforderung unseres Planeten stellen:

Der Schaffung einer mit allen Nationen vereinbarten Erklärung, die allen Erdbürgern einen geopolitischen Umweltschutz garantiert. Ressourcen, Energien und Schadstoffe sollen als Güter weltweit erkannt, erfasst, geteilt und umverteilt werden. Im Zentrum einer Lösungssuche stehen Dialog und Nachhaltigkeit. Ein unabhängiges Komitee, z. B. aus den Vereinten Nationen gegründet, könnte als WRFU einen globalen Umweltschutz völkerrechtlich verankern.

Im Bereich der Natur und Umwelt können wir nicht eigenmächtig die Landesgrenzen für uns alleine abstecken und uns nur auf unseren Staat konzentrieren. Zu stark belasten uns die überall wachsenden Klimakatastrophen, die wir alle gemeinsam ausgelöst haben und die wir immer bedrohlicher von aussen zu spüren bekommen. Kräfte wie Sonne, Wasser, Bodenschätze, Luft und Natur fragen nicht nach geografischer Herkunft. Sie sind uns durch die Natur der Dinge weltweit gegeben und haben ihre eigenen Systeme, wie, wo und mit welcher Ausprägung sie sich zeigen. In Bezug auf das Gemeingut aller Menschen und damit auf das globale Öko-System sind nicht nur kompetente, fachlich korrekte Empfehlungen und Vorschläge für Handlungen gesucht, wie es die IPCC[1] vielleicht

---

[1]IPCC (Intergovernmental Panel on Climate Change).

vorgeben kann. Wenn allerdings Fachwissen und Öko-Lösungen unter allen Völkern nachhaltig umgesetzt werden sollten, dann ist eine internationale rechtliche Anerkennung und Kompetenz erforderlich. **Der neue Weltrat für Umweltschutz (WRFU) wäre eine Option.** Das UNF-CCC (Rahmenübereinkommen der Vereinten Nationen über Klimaänderungen) definiert seine Ziele im Artikel 2 seiner Verfassung so:

> Das Endziel dieses Übereinkommens und aller damit zusammenhängenden Rechtsinstrumente, welche die Konferenz der Vertragsparteien beschließt, ist es, in Übereinstimmung mit den einschlägigen Bestimmungen des Übereinkommens die Stabilisierung der Treibhausgaskonzentrationen in der Atmosphäre auf einem Niveau zu erreichen, auf dem eine gefährliche anthropogene Störung des Klimasystems verhindert wird. Ein solches Niveau sollte innerhalb eines Zeitraums erreicht werden, der ausreicht, damit sich die Ökosysteme auf natürliche Weise den Klimaänderungen anpassen können, die Nahrungsmittelerzeugung nicht bedroht wird und die wirtschaftliche Entwicklung auf nachhaltige Weise fortgeführt werden kann.

Diesem Ziel, so klar es hier definiert erscheint, fehlt der für alle Nationen verbindliche Zeitrahmen und der wirkliche Wille aller Verantwortlichen zur effektiven Umsetzung dieses Ziels. Selbst die UNFCCC kann den Umgang mit Gemeingütern nicht alleine bestimmen, denn jeder Mensch, jeder Einzelne und jeder Mächtige, ist durch sein Handeln oder Nicht-Handeln in der Verantwortung. Die Verantwortung für unsere Zukunft ist jedermanns Pflicht, so wie wir sie auch aus dem Recht kennen. Dafür steht beispielsweise die Hilfspflicht bei Unfällen, die auch jeden unbeteiligten Passanten treffen kann. Wer dort nicht handelt, wird sogar bestraft. Genau diese Verantwortung gibt es auch im Umgang mit unserem Gemeingut in Form einer moralischen Pflicht. Gewisse Grundregeln sind einzuhalten, selbst wenn diese unbequem sind. Wir müssen uns davor hüten, klimaschützende rechtliche Ordnung immer gleich als Gefährdung des Rechtsstaats zu verurteilen. Schon für den klassischen Liberalismus war klar, dass die physische Existenz von Menschen die Aufstellung von Schutznormen sogar erfordert. Im Zusammenhang mit dem Klimawandel gewinnen auch die ISO-Umweltnormen an Bedeutung. Es braucht ganzheitliche Denkweisen, die Lösungsansätze im Fokus haben.

Yochai Benkler von der Heinrich-Böll-Stiftung schreibt in einem Manifest u. a.:

> Gemeingüter gehören keinem Einzelnen, aber auch nicht Niemandem (Helfrich, 2009). Sie werden in unterschiedlichen Gemeinschaften, von der Familie bis zur Weltgesellschaft, geschaffen, erhalten, gepflegt und immer wieder neu definiert. Wenn dies nicht geschieht, verkümmern sie. Mit ihnen schwindet unsere Lebenssicherung.

Gemeingüter sind Bedingung dafür, dass Menschen leben und sich entfalten können. Die Vielfalt der Gemeingüter bedeutet Zukunft.

Luft

besteht aus 78,08 % Stickstoff (N_2), 20,95 % Sauerstoff (O_2) und 0,93 % Argon (Ar), dazu Aerosole und Spurengase, darunter Kohlenstoffdioxid (CO_2, mit derzeit 0,04 %) (Baader Planetarium GmbH & Astronomie.de, 2021). *Die gesamte Masse beträgt 5,1 Billiarden Tonnen.*

Wasser

Alle Meere, Seen, Flüsse, Bäche, Gletscher und das Polareis *ergeben zusammen 1386 Trillionen Liter.*

Sonne

Die Menge an Sonnenenergie, die uns durchschnittlich pro Quadratmeter erreicht, nennt man Solarkonstante. Bei einer Solarkonstante von 1367 W pro Quadratmeter ergibt sich für jeden Quadratmeter, der sich auf einer Kugel mit dem Radius der Erdbahn befindet, eine Sonnenfläche. Auf unserem Erdball ist das eine Fläche von 282,7 Trilliarden Quadratmeter. **Die Leuchtkraft der Sonne zeigt einen gigantischen Wert von 386 Quadrillionen Watt.**

Im Internet finden sich Listen all jener Stoffe, die noch zusätzlich in und auf unserem Planeten schlummern (z. B. Gestein und Rohstoffe) und ebenso als Gemeingüter quantifiziert werden können (Helfrich & Stein, 2011).

Die Allmendegüter 13

Natürliche Ressourcen, von deren Nutzung viele Nachfrager nicht auszuschliessen sind und um deren Ansprüche jedoch alle Nachfrager rivalisieren, werden in den Wirtschaftswissenschaften als Allmendegüter bezeichnet.

Stehen in einer Welt knapper Ressourcen vollkommen rivale Güter frei, also zu einem Preis von null, zur Verfügung (so auch das natürliche Gemeingut), dann entsteht in der Folge ein ressourcen-verzehrender Aneignungswettkampf, in dem jede entwickelte Nation versuchen wird, die erste zu sein.

Hier folgen ein paar Beispiele problematischer Nutzung natürlicher Ressourcen.

- Überfischung der Weltmeere
- Eis- und Polarforschung für neue Schürfungsrechte
- Unstimmigkeit bei der rechtlichen Verteilung der Bodenvorräte (Öl, Gas)
- Fehlende Definition rechtlicher Nutzung für Quell-, Fluss- und Meerwasser
- Abbau und Verwendung nicht-erneuerbarer Energieträger (Kohle, Uran etc.)
- Plünderung von Wildtierbeständen
- Raubbau der Wälder
- Übernutzung der Atmosphäre mit Luftverschmutzung
- Ungeklärte Verfügungs- und Nutzungsrechte des Weltalls

Bis heute sind exklusive Verfügungsrechte nicht völkerrechtlich definiert, obwohl der Bedarf an diesen Gütern offensichtlich und bewiesen ist. Das führt zu politischen Spannungen. Staatliche autoritäre Eingriffe oder der Einsatz planwirtschaftlicher Mechanismen einzelner Nationen zur konsum- und marktgerechten Verteilung der Allmende kann und darf nicht die Lösung für die Menschheit sein.

© Der/die Autor(en), exklusiv lizenziert durch Springer Fachmedien Wiesbaden GmbH, ein Teil von Springer Nature 2021
C. J. Rohland, *Ein Weltrat für den Umweltschutz,* essentials,
https://doi.org/10.1007/978-3-658-34904-2_13

Was wir aber tun können, ist die Problematik zu Ende gehender Ressourcen, undefinierter Schöpfrechte sowie unseren Umgang mit Abfällen und Giftstoffen als globale Aufgabe zu betrachten.

Mit einer zentralen Entscheidungsgewalt ohne Anspruch auf Weltherrschaft kann es einem von allen Nationen legitimierten (UN-)Öko-Komitee/Ausschuss gelingen, dass Allmendegüter sowie unsere Abfälle und Giftstoffe als gemeinsames Erbgut erfasst, geteilt und umverteilt werden.

Einer Kurz-Studie (Andruleit et al., 2011) in Deutschland ist zu entnehmen, dass sich im weltweiten Vergleich der noch vorhandenen Energierohstoffe (Reserven und Ressourcen) und der bereits weltweit verbrauchten Energiemengen noch erhebliche bis riesige Potenziale zeigen. Eine sinnvolle Erfassung und Verteilung dieses Potenzials unter allen Staaten müssten im Fokus des gesuchten Weltrates für Umweltschutz (WRFU) stehen.

Es bestehen beispielsweise in einer Nation Erdöllager oder Bestände andere fossiler Energieträger, deren geografische Fundstellen geologisch oft unerklärbar sind. Ähnlich verhält es sich mit der Menge von Fluss- und Meerwasser. Diese für unser Leben so elementaren Werte stehen in grossem Umfang, man könnte meinen zufällig und unbegründet, der ganzen Erdbevölkerung zur Verfügung.

Wie das Trennen und Umverteilen der Güter zu regeln ist, könnte über den **WRFU der *Vereinten Nationen*** zentral erfasst und definiert werden. Zunächst sind für den Bezug von Allmendegüter eines nationalen Nachfragers die Dringlichkeit des Bedarfs und die wirtschaftliche Überlebenswichtigkeit für das Land zu klären. Welche Alternativen bestehen? Wie kann ein anderer Anbieter für solchen Güterexport entschädigt werden? Mit der Lösung solcher Fragen macht sich eine neu gegründete Institution von den geografischen Fundstellen oder Schöpfungsrechten einzelner Nationen unabhängig. Darüber hinaus könnten UN-Bürgerinitiativen und andere Umweltschutzvereinigungen eine internationale Klimabewegung unterstützen und so Mitverantwortung tragen.

Ein wichtiges Ziel des Weltrates für Umweltschutz ist erreicht, wenn bei der Nutzung natürlicher Gemeingüter eine möglichst ausgewogene Umverteilung von Gütern und selbst produzierten Giftstoffen unter allen Nationen angestrebt und umgesetzt wird. Zudem ist es im Sinne einer nachhaltigen

Förderung unserer Existenz, dass auch kommende Generationen weiterhin eine intakte Lebensgrundlage für ihre eigene Entwicklung vorfinden können.

Giftstoffe und Abfälle

Aufgrund des hohen Lebensstandards produzieren die Industrieländer die höchsten Siedlungsabfallaufkommen der Welt. Um den hohen Primärrohstoffverbrauch dieser Nationen zu reduzieren, müssen sämtliche Material- und Stoffflüsse entlang der Wertschöpfungskette erfasst und umverteilt werden – vom Rohstoffabbau über das Produktdesign bis hin zur Abfallbewirtschaftung. Ohne Entkoppelung von steigendem Ressourcenverzehr und weiterem unnötigen Marktkonsum werden die Abfallmengen ins Unermessliche ansteigen. Dazu kommt, dass Umweltbelastungen oft auch infolge der Bereitstellung der Rohstoffe in Drittländern anfallen.

Die *Bautätigkeit* (Aushub- und Ausbruchmaterial, Rückbaumaterial) generiert dabei einen Löwenanteil der Abfälle. Auch die *Siedlungsabfälle* (aus Haushalten, Bürogebäuden, Kleinbetrieben, Hof und Garten sowie aus öffentlichen Abfalleimern) sind weitere Abfallverursacher. Nicht zu vergessen ist die Kategorie der *biogenen Abfälle* (d. h. Holzabfälle, Lebensmittel und landwirtschaftliche Abfälle, Klärschlamm etc.). Neben der steigenden Menge verändert sich auch die Zusammensetzung des Abfalls.

Der Trend zur *Herstellung von komplexeren Produkten* (z. B. Verbundpackungen) stellt eine umweltschonende Entsorgung vor zusätzliche Herausforderungen. Mit der zunehmenden technischen Komplexität von Produkten, insbesondere von Elektronikanwendungen, kommen vermehrt *Metalle der seltenen Erden* wie Gallium, Indium, Cobalt etc. zur Anwendung. Obwohl diese Elemente nur in kleinen Mengen eingesetzt werden, verursacht ihr Abbau in Minen aufgrund ihrer aufwändigen Gewinnung eine hohe spezifische Umweltbelastung. Solange sich das Total aller Abfälle im Kreislauf der Wirtschaft befindet, besteht auch die Chance oder die Möglichkeit, diese grösstenteils fachgerecht zu entsorgen. Das *Recycling* konzentriert sich bisher zwar auf etablierte Stoffe wie Glas, PET, Alu, Papier oder

© Der/die Autor(en), exklusiv lizenziert durch Springer Fachmedien Wiesbaden GmbH, ein Teil von Springer Nature 2021
C. J. Rohland, *Ein Weltrat für den Umweltschutz,* essentials,
https://doi.org/10.1007/978-3-658-34904-2_14

Stahl. Zusehends werden aber auch komplexere Produkte, die aus unterschiedlichen Materialien bestehen, wie Elektronikschrott, Sonderabfälle, Schlacke oder Filterstaub, separat gesammelt. Es gibt Länder, die ein gut funktionierendes *Entsorgungssystem* (Bundesamt für Umwelt BAFU, 2020) aufgebaut haben. Dort arbeiten öffentliche und private Entsorger Hand in Hand zusammen. Aber das ist noch lange nicht in allen Nationen der Fall. Die Entsorgungsinfrastruktur muss konstant nach dem Stand der Technik weiterentwickelt werden, damit in absehbarer Zukunft wertvolle Stoffe aus Elektronikschrott sowie Rückstände aus der Abfallverbrennung zurückgewonnen werden können. Nebst den nationalen Abfallvermeidungsstrategien und internationalen Abkommen verbleiben (noch) immer die nicht recyclebaren *Sonderabfälle*. Kein Land darf diese exportieren können, wenn nicht ausschliesslich unter strengen Auflagen zur umweltverträglichen Entsorgung in Partnerländer der neuen Weltengemeinschaft.

Eine Prognose nach Regionen bis 2050 (A. Breitkopf, 20.03.2020) zeigt das weltweite Abfallaufkommen nach Regionen im Jahr 2016 sowie eine Prognose für die Jahre 2030 und 2050. Im Jahr 2016 wurden laut der Weltbank in Nordamerika rund 289 Mio. t Müll produziert. Für das Jahr 2050 wird für die genannte Region ein Müllaufkommen von 396 Mio. t prognostiziert. Insgesamt wird das weltweite Müllaufkommen im Jahr 2050 laut der Prognose bei etwa 3,4 Mrd. t liegen. In allen Weltregionen (Ostasien/Pazifik, Europa/Zentralasien, Südasien, Nordamerika, Lateinamerika/Karibik, Subsahara-Afrika, Mittlerer Osten) zeigt sich bis 2050 ein steigendes Abfallaufkommen.

Bei einer nicht nachhaltigen Entsorgung von Müll und nicht weiter recyclebaren Sonderabfällen besteht eine explosive Gefahr, der wir zwar heute noch nüchtern begegnen dürfen, aber morgen im Weltrat für Umweltschutz (WRFU) sehr genau als globale Aufgabe lösen müssen.

Die internationale Atomenergie-Organisation (IAEA) veröffentlichte im Jahr 2012 eine Studie über die weltweit jährlich produzierten Mengen an Atommüll (Statista Research Department, 2010). Die grössten Mengen radioaktiven Abfalls produzierten mit Abstand die USA (280.000 t) und Frankreich (150.000 t). Ein weiterer Indikator für die vorwiegend von Menschen verursachten toxischen Stoffe sind die *CO$_2$-Emissionen*. Durchschnittlich entstanden im Jahr 2018 weltweit 4,8 t CO$_2$-Emissionen pro Kopf. Damit wurde weltweit ein neues Rekordhoch erreicht.

Die Lösung ist der sogenannte *Cradle-to-Cradle* (Bittner, 2020) Ansatz, bei dem wir versuchen, uns vom Recycling, das häufig eigentlich ein Downcycling[1] ist, zu distanzieren. Der Kern des Konzepts ist die Entwicklung von kreislauffähigen Produkten im biologischen und technischen Bereich. Die Bestimmung der Materialqualität, der Verarbeitungsweise, der Fertigungsprozesse und die Rückführung der Rohstoffe eröffnet innovativen Unternehmen grosse Möglichkeiten.

Kohlenstoffdioxid ist ein in der Erdatmosphäre natürlich auftretendes, klimawirksames Spurengas, dessen Konzentration jedoch insbesondere durch die Verbrennung fossiler Brennstoffe ansteigt. Mit der Industrialisierung kam es infolge menschlicher Aktivitäten zu einem starken Anstieg des Kohlenstoffdioxidanteils in der Atmosphäre, der weiterhin anhält. Hauptquellen sind die Verbrennung fossiler Energieträger für die Energiegewinnung sowie der Konsum im Industriesektor.

Die im Internet publizierten Statistiken und Berichte weisen Seite für Seite auf die Quellen der schlimmsten Verursacher unseres ökologischen Overkills hin (Schmidt, 2021). Die Darstellung der wichtigsten Importeure und Exporteure von verbotenen Pestiziden oder wer nun die grössten Plastikmüll-Exporteure, die grössten Umweltverschmutzer und Kohlenstoffdioxidemittenten sein sollen, macht eines deutlich: Wir brauchen dringend eine Klimalösung, die nicht zwischen Nationen spaltet, sondern uns weltweit miteinander verbindet.

---

[1] Versteht sich als Wiederaufbereitung von Materialien mit einer qualitativen Abwertung.

Die UNO kann sich auf eine weltweite Zusammenarbeit mit internationalen Organisationen stützen. Die Vereinten Nationen (UN) mit ihren 193 Mitgliedern (United Nations, Statista, 2021) beinhalten eigenständige Sonderorganisationen (WHO, WTO, EU, NAFTA, ASEAN/PCEP, MERCOSUR, OECD, BRICS). Diese arbeiten in definierten Verhandlungsgruppen und können so Wissen und Erfahrung in den Vollversammlungen ziel- und ressourcengerecht einbringen. Für einen Weltrat für Umweltschutz (WRFU) wäre deren Bedeutung und Einflussgrösse zu klären und in die Verhandlungen einzubeziehen.

Der Bearbeitung eines nationalen Umweltschutzkonzeptes in jeder einzelnen Nation steht das Abtreten der international erkannten Problematik an den WRFU (Weltrat für Umweltschutz) gegenüber. Das bedeutet für die kleinsten bis hin zu den grössten Ländern zunächst einen Verlust an Kompetenz in eigener Sache. Das sich Verabschieden von den eigenen Öko-Systemen und die Übergabe der Kompetenz an eine globale Institution, die im Namen aller Nationen entscheiden und handeln soll, ist sicher eine Herausforderung. Doch das Risiko eines Misserfolges im Gremium des globalen Weltrates hält sich in Grenzen. Ein Nicht-Gelingen der Entscheide würde zwingend wieder zum Ringen neuer gemeinsamer Beschlüsse unter allen Nationen in den bestehenden Bündnissen und Verhandlungsgruppen anspornen.

Natürlich bleiben national zu verantwortende Umweltschutzprojekte (z. B. Ackerland, Wald- und Viehwirtschaft) auch weiterhin in der Kompetenz der eigenen Regierung im dortigen vielleicht bereits vorhandenen Umweltministerium.

© Der/die Autor(en), exklusiv lizenziert durch Springer Fachmedien Wiesbaden GmbH, ein Teil von Springer Nature 2021
C. J. Rohland, *Ein Weltrat für den Umweltschutz,* essentials,
https://doi.org/10.1007/978-3-658-34904-2_15

Der *NAFU*-Plan

16

Annahme: Alle Länder und Nationen haben gemäss ihrer Verfassung folgende Ministerien/Departements:

- Staats- und Regierungsführung
- Wirtschaftspolitik
- Gesetze und Rechtswesen
- Militär und Sicherheit (Polizei, IT)
- Finanzen
- Religionen und Sozialwesen

Dazu kommt neu das

Nationale Amt für Umweltschutz, abgekürzt NAFU
Dieses *NAFU*-Ministerium ist das Regierungsdepartement. Es handelt immer im Auftrag seines Landes und bildet die Brücke zum Weltrat für Umweltschutz. Themen des nationalen Umweltministeriums, welche die Tragweite des eigenen Landes übertreffen, kommen so auf eine internationale Ebene, zum Weltrat für Umweltschutz (WRFU). Im umgekehrten Sinn kann sich der Weltklimarat mit globalen Klima- und Umweltfragen oder Beschlüssen direkt an das dafür zuständige Ministerium oder Departement wenden, ohne sich mit den rechtlichen Aspekten der entsprechenden Nation befassen zu müssen. Mit anderen Worten können Fragen, die sich für das nationale Öko-System stellen, in den Nationen geklärt und bestimmt werden. Lösungen mit Auswirkungen auf den ganzen Planeten müssen für alle Nationen im Weltrat für Umweltschutz vereinbart werden.

© Der/die Autor(en), exklusiv lizenziert durch Springer Fachmedien Wiesbaden GmbH, ein Teil von Springer Nature 2021
C. J. Rohland, *Ein Weltrat für den Umweltschutz,* essentials,
https://doi.org/10.1007/978-3-658-34904-2_16

Der neue Weltrat für Umweltschutz, damit er überhaupt weltweit implementiert werden kann, erfordert die Teilnahme aller Nationen auf dieser Erde. Alle Weltbürger müssen in irgendeiner Form zu einer von den Nationen noch zu definierenden Quote an diesem Welt- und Wertesystem teilnehmen, ganz egal, welchen volkswirtschaftlichen Status sie besitzen, welche Bevölkerungsanzahl sie aufweisen oder auf welchem Kontinent sie wohnen.

Der neue WRFU nimmt weltweit die nationalen und internationalen Fragen des *Nationalen Amtes für Umwelt (NAFU)* auf und kommuniziert die Themen direkt mit den verantwortlichen Umweltministerien des betreffenden Landes. In allen anderen Regierungsgeschäften der Nationen hat der Weltrat für Umweltschutz weder Befugnisse noch Verpflichtungen. Die nationalen Regierungsgeschäfte bleiben frei und politisch/rechtlich unabhängig von den anderen Ländern. Sollten sie sich aus eigenem Wunsch zu sinnvolleren Bündnissen mit Partnerländern entschliessen (Beispiel bei Mercosur, EU, WTA), stehen ihnen solche Abkommen ungehindert zu, solange sich die Geschäfte nicht mit den Aufgaben der NAFU oder der WRFU kreuzen.

Nationale und globale Abgrenzung

17

Zu Beginn wird die vielleicht schwierigste Aufgabe für alle am Projekt involvierten Verantwortlichen sein, die Klima- und Umweltfragen sachlich aus ihren nationalen länderorientierten Verstrickungen herauszuschälen und als nationaler Schwerpunkt dem Weltrat für Umweltschutz zu übertragen. Politisch heikle Knackpunkte finden sich gerade beim Umweltschutz jedes einzelnen Landes. Deshalb müssen sich alle Verantwortlichen bei den folgenden ökologischen Fragen öffnen und auch für unangenehme Zugeständnisse offen sein:

- Senkung der Nachfrage nach Energiequellen
- Mit Technik und System soll Effizienz und Innovation gefördert werden
- Ersatz fossiler Brennstoffe (erneuerbare Energien)
- Die Einführung eines einheitlichen Preises für CO_2-Ausstoss überdenken. Lässt sich damit wirklich Klimaschutz auf kostengünstigstem Weg mit geringsten wirtschaftlichen und sozialen Verwerfungen erreichen?
- Festlegung einer über die Zeit sinkenden Obergrenze für CO_2-Ausstoss für alle Verursacher (Stromerzeuger, Grossindustrie, Strassentransport, Bahn- und Flugverkehr, Gebäude sowie Landwirtschaft)
- Kostentransparenz der Emissionsverursacher. So entsteht ein Anreiz zur Schonung und zur Minderung des Einsatzes von Technologien mit hohen Emissionen
- Vergleiche erstellen zwischen Kosten und Nutzen des zukünftigen Klimawandels mit Kosten & Nutzen von Massnahmen zu dessen Eindämmung
- Fragen klären zur Inkraftsetzung eines internationalen und rechtskräftigen Emissionshandels
- Fragen klären zur einheitlichen CO_2-Steuer mit Ausgleich an der Grenze (Steuer auf Importprodukte)?

© Der/die Autor(en), exklusiv lizenziert durch Springer Fachmedien Wiesbaden GmbH, ein Teil von Springer Nature 2021
C. J. Rohland, *Ein Weltrat für den Umweltschutz,* essentials, https://doi.org/10.1007/978-3-658-34904-2_17

Preisgestaltungen müssen den Möglichkeiten jeder Nation entsprechen. Zu hohe oder über den richtigen Preis hinausgehende Regulierungen sind genauso schädlich wie zu tiefe Preise. Erstere bringen eine zu starke Belastung der heute lebenden Menschen, letztere eine übermässige Belastung des zukünftigen Klimas und der zukünftigen Weltbürger.

Eine Schreibvorlage

18

Übersicht

Gesuch geht an:

Familie, Verwandte, Freunde, Bekannte, Staats- und Regierungschefs aller Nationen, alle UnternehmerInnen der Weltkonzerne und an die mächtigsten Influencer aller Länder

Muster einer Mail-Adresse: info@gs-ek.admin.ch (= Schweizer Energie Departement)

Ort…, Datum…

Ein Weltrat für Umweltschutz (WRFU)

Sehr geehrte …,

Mit diesem Schreiben wende ich mich an Sie, weil mir immer mehr bewusstwird, dass nur Menschen wie Sie im In- und Ausland, zusammen mit Ihren Partnerinnen und Partnern im obersten Sitz der Weltregierungen und Wirtschaft, die Geschicke auf unserem Planeten entscheidend beeinflussen können. Mit Ihren täglichen Entscheidungen und Handlungen beeinflussen Sie unser aller Leben. Deshalb sind Sie als Person für die ganze Weltbevölkerung unentbehrlich geworden. Nehmen Sie bitte die Aufrufe der Bevölkerung und die Ihrer Parteimitglieder ernst und senden Sie ein unsere Welt verbindendes Signal aus. Verhelfen Sie einer visionären Klimabewegung zum Durchbruch:

Klima- und Umweltentscheide finden in allen 196 Nationalstaaten immer nur nationale Lösungen. Sie werden von einer globalen Weltregierung kaum getragen. Jedes Land beantwortet seine ÖKO-Themen bestenfalls für sich

© Der/die Autor(en), exklusiv lizenziert durch Springer Fachmedien Wiesbaden GmbH, ein Teil von Springer Nature 2021
C. J. Rohland, *Ein Weltrat für den Umweltschutz*, essentials,
https://doi.org/10.1007/978-3-658-34904-2_18

selbst. Doch geopolitische Lösungen, als losgelöste Teilpolitik von anderen Regierungsgeschäften, können auch in einer internationalen starken Gemeinschaft aller Länder vereinbart werden. Ein Schulterschluss für verbindliche ÖKO-Gesetze zwischen Global- und Länderbestimmungen ist gesucht.

7–9 Welträte[1] und ca. 200 Weltparlamentarier für Umweltschutz können eine globale Welt-Gemeinschaft errichten.

Aus der Erkenntnis heraus, dass Umweltprobleme immer länderübergreifend sind und auf allen Kontinenten stark anwachsen, wird ein exekutiver Weltrat für Umweltschutz (WRFU) und ein legislatives Weltparlament für Umweltschutz (WPFU) gebildet. Sobald sich ein solches Regelwerk international etabliert hat und in einer globalen Rechtsverfassung anerkannt ist, werden alle Kräfte im Interesse der nationalen Staaten handeln können.

Unsere drängendsten Fragen zum Umweltschutz und zum Umgang mit Ressourcen und Energien sollen zuerst national erfasst und dann global gelöst werden. **Ein Weltrat für den Umweltschutz wird liberal und ohne Anspruch auf Weltherrschaft bestimmen, was auch immer wir gemeinsam für unsere Zukunft entscheiden.**

Auf der Website www.climate-solution.org finden Sie weitere Erläuterungen, warum kein Weg an dieser unbequemen und mühevollen Art einer nachhaltigen Globalisierung vorbeiführt. Doch unsere Chancen auf eine gemeinsame Wende für unseren Planeten sind intakt. Eine Lösung finden wir nur zusammen.

Bei der Entkoppelung des nationalen Umweltschutzes von anderen nationalen politischen, wirtschaftlichen und anderen Zielen geht es weder um Kompetenz- noch um Kontrollverlust Ihrer eigenen Vollmacht. Im Gegenteil: Erst durch Ihr persönliches Engagement wird die Implementierung in ein neues geopolitisches System möglich. Mit Ihrem Wirken für globale Endlösungen in einem Weltklimarat für Umweltschutz (WRFU) werden Sie grosses Interesse bei den Menschen aller Länder erwecken und diese zu neuen Leistungen motivieren. Damit wächst Ihr Ansehen international und Ihr Name geht in die Geschichtsbücher der Welt ein.

Ein persönliches Gespräch oder Treffen über konkrete Möglichkeiten zur **Schaffung eines Weltrates für den Umweltschutz** würde mich freuen. Für Ihre wichtige Unterstützung zur Verbreitung dieses Textes in der Familie, bei Freunden und Verwandten, unter anderen Personen ihrer Führungsebene oder in den täglichen Gesprächen mit interessierten Fachpersonen

und Influencern danke ich Ihnen im Voraus sehr, auch für Ihre grosse
Aufmerksamkeit zum Thema.
Mit freundlichen Grüßen
(Unterschrift)

---

[1] Anmerkung: Die Anzahl der Welträte und Parlamentarier versteht sich als Vorschlag für ein neues Regierungssystem weitgehend schweizerischer Prägung (auch Direktorial System genannt).

Auch Sie als Leser können an diesem Projekt mitarbeiten. Hier ein paar Vorschläge, die ich selbst erfolgreich ausprobiert habe:

Der erste Schritt für eine nachhaltige Korrektur beginnt bei einem selbst. Fragen Sie sich beispielsweise:

- Welchen ökologischen *Fussabdruck* hinterlasse ich auf dieser Welt (persönlicher Umgang mit Essen, Wohnen, Heizen, Mobilität)?
- Auf welche *Güter* (Haus, Auto, Land, Fleisch) und auf welche Gewohnheiten (Wasser- und Stromverbrauch, Temperatur Heizung) kann ich verzichten bzw. welche will ich beibehalten?
- Kann ich mich auf Neues einstellen, evtl. auch auf etwas verzichten, das mich im Laufe meines Lebens immer begleitet hat?

Der zweite Schritt könnte heissen: Sie übernehmen das obenstehende Briefmodell oder Sie verfassen Ihre eigenen Überlegungen in ähnlicher Form. Dann verschicken Sie den Text an alle Ihre wichtigen Bezugspersonen auf der ganzen Welt.

Den vorstehenden Brief (s. Kap. 18) hatte ich u. a. auch an Frau Ursula von der Leyen von der Europäischen Kommission geschrieben. Inzwischen bin ich dort als Weltbürger bei *Have a word to say* digital so registriert, dass ich meine Stimme bei Klima- und Umweltthemen direkt einbringen kann.

Weitere Schritte: Sie nehmen mit gleichgesinnten Organisationen Kontakt auf und suchen eine Zusammenarbeit. In der nachfolgenden Kontaktliste finden Sie einige ausgewählte Beispiele.

▶ Tipp **https://www.democracywithoutborders.org**

© Der/die Autor(en), exklusiv lizenziert durch Springer Fachmedien Wiesbaden GmbH, ein Teil von Springer Nature 2021
C. J. Rohland, *Ein Weltrat für den Umweltschutz,* essentials,
https://doi.org/10.1007/978-3-658-34904-2_19

Wer Interesse an kosmopolitischen Fragen hat, dem sei der Kontakt zur *Democracy Without Borders* sehr empfohlen. Diese Vereinigung arbeitet mit internationalen Partnern zusammen und koordiniert globale Initiativen und Programme für eine UN-Parlamentarierversammlung, eine UN-Weltbürgerinitiative und für eine Internetplattform für globale Abstimmungen.

https://stimson.org/2020/un-75-governance-forum/
Gerne pflege ich auch Kontakt zum *UN75 Global Governance Forum*. Das UN75-Forum zielt darauf ab, durch Dialog und Empfehlungen die Ideen, Fähigkeiten und Netzwerke staatlicher und nichtstaatlicher Akteure besser zu nutzen, um das Engagement der Vereinten Nationen für Frieden, nachhaltige Entwicklung, Menschenrechte und ein stabiles Klima zu fördern.

https://www.stimson.org/
Aus einem E-Mail mit Herrn Brian Finlay, Präsident & CEO von *Stimson,* habe ich viel über die hervorragende Arbeit dieses Centers für Forschung erfahren. Stimson engagiert sich besonders für kreative Innovationen in Umwelt- und Klimafragen.

https://www.forum-anthropozaen.com/de/home
Das *Forum Anthropozän* ist eine internationale Plattform, die sich transdisziplinär dem Thema Anthropozän (Menschenzeit) in der Wechselwirkung von Globalität, Urbanität und dem ländlichen Raum widmet. Per Zufall stiess ich auf die Webseite und habe dazugelernt.

https://www.denknetz.ch
In meiner Heimat bin ich auch beim *Denknetz* registriert. Das Denknetz ist der linke Thinktank der Schweiz und den Grundwerten Freiheit, Gleichheit und Solidarität verpflichtet. Dieses Institut konstatiert die zunehmenden sozialen Ungleichheiten und eine Tendenz zur Entsolidarisierung in der Gesellschaft. Es will die Mechanismen dieser Dynamik besser verstehen, Alternativen erkunden und diskutieren.

https://www.energiestiftung.ch/home.html

Die *SES Energiestiftung* Schweiz setzt sich für eine menschen- und umweltgerechte Energiepolitik ein.

https://www.wwf.ch/de
Der allen Umweltschützern bekannte *WWF, Natur- und Umweltschutz* sagt:„Gemeinsam für einen zukunftsfähigen Planeten". – Diese Aussage kann ich nur unterstützen.

https://fastenopfer.ch und https://brotfueralle.ch
Die Hilfswerke *Fastenopfer* und *Brot für alle* zeigen über die Kirchen Möglichkeiten auf, politisch gerechtere Strukturen zu schaffen, auf internationaler, nationaler und individueller Ebene.

https://www.extinctionrebellion.de
Diese weltweite Klimabewegung fordert mit grossem Mut von allen Menschen: Immer die Wahrheit zu sagen, sofort zu handeln und überall für Bürgerinitiativen zu werben.

https://www.climatestrike.ch/de
Die Jugend- und Schülerbewegung *Strike for future* erklärt ihre berechtigten Forderungen an alle, zeigt die Faktenlage und ruft zum Mitmachen auf.

https://www.generationenstiftung.com/
Zuletzt, aber niemals meine laufende Kontaktliste abschliessend, bin ich mit der *Stiftung Generationen* im guten Einvernehmen. Hier verbünden sich junge AktivistInnen mit der Generation ihrer Eltern und Grosseltern, um gemeinsam Systeme zu verändern.

Was Sie aus diesem *essential* mitnehmen können

- Die Implementierung eines neuen Weltklimarats für alle Nationen von oben nach unten bedeutet Aufbau und Koordination eines Regelwerkes unter nationalen Staatssystemen, Institutionen und Organisationen.
- Doch das ist erst der Anfang. Ein wirklicher Wandel kann sich nur dann vollziehen, wenn er von unten nach oben, von seinen 7,6 Mrd. Erdbürgern, herbeigerufen und getragen wird.
- Zu dieser Bewegung gehören wir alle.
- Jeder Bürger steht ebenso in der Pflicht zu handeln wie die ausführenden Verantwortlichen der einzelnen Nationen.

© Der/die Herausgeber bzw. der/die Autor(en), exklusiv lizenziert durch
Springer Fachmedien Wiesbaden GmbH, ein Teil von Springer Nature 2021
C. J. Rohland, *Ein Weltrat für den Umweltschutz,* essentials,
https://doi.org/10.1007/978-3-658-34904-2

Literatur

Andruleit, H., Babies, H. G., Meßner, J., Rehder, S., Schauer, M., & Schmidt, S. (2011). DERA Rohstoffinformation Kurzstudie, Deutsche Rohstoffagentur (DERA) in derBundesanstalt für Geowissenschaftenund Rohstoffe (BGR). http://www.bgr.bund.de/DE/Themen/Energie/Downloads/Energiestudie-Kurzf-2011.pdf?__blob=publicationFile&v=4. Zugegriffen: 11. Juni 2021.

Baader Planetarium GmbH, & Astronomie.de. (2021). Die Erde – Atmosphäre. https://www.astronomie.de/das-sonnensystem/planeten-und-monde/die-erde/atmosphaere/. Zugegriffen: 11. Juni 2021.

Bender, I. (2017). *Weltordnung*. Deutscher Wissenschafts-Verlag (DWV).

Bittner, P. (2020). Was ist eigentlich Cradle to Cradle? *enorm-magazin.de*. https://enorm-magazin.de/wirtschaft/kreislaufwirtschaft/cradle-to-cradle/was-ist-eigentlich-cradle-cradle. Zugegriffen: 11. Juni 2021.

Breitkopf, A. (2020). Abfallaufkommen weltweit nach Regionen im Jahr 2016 und Prognose für die Jahre 2030 und 2050. *Statista*. https://de.statista.com/statistik/daten/studie/917588/umfrage/prognose-abfallaufkommen-weltweit-nach-regionen. Zugegriffen: 11. Juni 2021.

Bundesamt für Umwelt BAFU. (2020). Abfallentsorgung, Schweizerische Eidgenossenschaft. https://www.bafu.admin.ch/bafu/de/home/themen/abfall/fachinformationen/abfallentsorgung.html. Zugegriffen: 11. Juni 2021.

Gates, B. (2021). *Wie wir die Klimakatastrophe verhindern*. Piper.

Gyssler, C. (2017). Ab übermorgen lebt die Menschheit für den Rest des Jahres auf Kredit. *WWF*. https://www.wwf.ch/de/medien/ab-uebermorgen-lebt-die-menschheit-fuer-den-rest-des-jahres-auf-kredit-0. Zugegriffen: 11. Juni 2021.

Helfrich, S. (2009). Gemeingüter stärken. Jetzt! *Heinrich Böll Stiftung*. https://www.boell.de/de/navigation/wirtschaft-soziales-7144.html. Zugegriffen: 11. Juni 2021.

Helfrich, S., & Stein, F. (2011). Was sind Gemeingüter? – Essay, Bundeszentrale für politische Bildung. https://www.bpb.de/apuz/33206/was-sind-gemeingueter-essay.

Max-Plank-Institut. www.ipp.mpg.de/2641049/faq9. Zugegriffen: 11. Juni 2021.

Rohland, J. C. (2020). *Trennen & Umverteilen*. tredition.

Schmidt, K. (2021). Die 5 größten Klimakiller und was du gegen sie tun kannst. Utopia GmbH. https://utopia.de/ratgeber/die-groessten-klimakiller. Zugegriffen: 11. Juni 2021.

© Der/die Herausgeber bzw. der/die Autor(en), exklusiv lizenziert durch Springer Fachmedien Wiesbaden GmbH, ein Teil von Springer Nature 2021
C. J. Rohland, *Ein Weltrat für den Umweltschutz,* essentials,
https://doi.org/10.1007/978-3-658-34904-2

Statista Research Department. (2010). Atommüll – Produzierte Mengen nach ausgewählten Ländern weltweit. *Statista.* https://de.statista.com/statistik/daten/studie/167241/umfrage/jaehrlich-produzierte-menge-an-atommuell-in-ausgewaehlten-laendern. Zugegriffen: 11. Juni 2021.

Umweltbundesamt.   https://www.umweltbundesamt.de/themen/luft/luftschadstoffe-im-ueberblick/schwefeldioxid. Zugegriffen: 11. Juni 2021.

United Nations, Statista. (2021). Anzahl der Mitgliedstaaten der Vereinten Nationen im Zeitraum von 1945 bis heute. *Statista.* https://de.statista.com/statistik/daten/studie/991257/umfrage/un-anzahl-der-mitgliedstaaten. Zugegriffen: 11. Juni 2021.

Printed in the United States
by Baker & Taylor Publisher Services